LOCUS

LOCUS

LOCUS

LOCUS

宏碁的經驗與孫子兵法的智慧

Visions in the Age of Knowledge Economy

領導者的眼界 ❶

未來6大趨勢

Winner Gets All.
All of What?

施振榮 著

蔡志忠 繪

總序

《領導者的眼界》系列，共十二本書。
針對知識經濟所形成的全球化時代，十二個課題而寫。
其中累積了宏碁集團上兆台幣的營運流程，以及孫子兵法的智慧。
十二本書可以分開來單獨閱讀，也可以合起來成一體系。

施振榮

　　這個系列叫做《領導者的眼界》，共十二本書，主要是談一個企業的領導者，或者有心要成為企業領導者的人，在知識經濟所形成的全球化時代，應該如何思維和行動的十二個主題。

　　這十二個主題，是公元二○○○年我在母校交通大學EMBA十二堂課的授課架構改編而成，它彙集了我和宏碁集團二十四年來在全球市場的經營心得和策略運用的精華，富藏無數成功經驗和失敗教訓，書中每一句話所表達的思維和資訊，都是真槍實彈，繳足了學費之後的心血結晶，可說是累積了

台幣上兆元的寶貴營運經驗，以及花費上百億元，經歷多次失敗教訓的學習成果。

除了我在十二堂EMBA課程所整理的宏碁集團的經驗之外，《領導者的眼界》十二本書裡，還有另外一個珍貴的元素：孫子兵法。

我第一次讀孫子兵法在二十多年前，什麼機緣已經不記得了；後來有機會又偶爾瀏覽。說起來，我不算一個處處都以孫子兵法為師的人，但是回想起來，我的行事和管理風格和孫子兵法還是有一些相通之處。

其中最主要的，就是我做事情的時候，都是從比較長期的思考點、比較間接的思考點來出發。一般人可能沒這個耐心。他們碰到問題，容易從立即、直接的反應來思考。立即、直接的反應，是人人都會的，長期、間接的反應，才是與眾不同之處，可以看出別人看不到的機會與問題。

和我共同創作《領導者的眼界》十二本書的
人，是蔡志忠先生。蔡先生負責孫子兵法的詮釋。
過去他所創作的漫畫版本孫子兵法，我個人就曾拜
讀，受益良多。能和他共同創作《領導者的眼
界》，覺得十分新鮮。

　　我認為知識和經驗是十分寶貴的。前人
走過的錯誤，可以不必再犯；前人成功的案
例，則可做為參考。年輕朋友如能耐心細讀，
一方面可以掌握宏碁集團過去累積台幣上兆元
的寶貴營運經驗，一方面可以體會流傳二千
多年的孫子兵法的精華，如此做為個人生涯
成長和事業發展
的借鏡，相信必
能受益無窮。

目錄

前言

- 在台灣的整體變化中,國際化是一個重要課題。
- 宏碁的國際化經驗是教科書沒有的。
- 我們先從全球經營大趨勢談起。

由於台灣的資源有限,所以我認為台灣在整體發展中,一個很重要的課題,就是國際化的課題。

在整個宏碁集團國際化的過程中,我所體會的經驗是學校的教科書上沒有的,整個國際化的理論也是我自創的,就像自創品牌一樣。但是,不僅只有自創、自己研究而已,實際上,我自己也親自充當白老鼠,這個白老鼠又是很貴的;因為花了錢,又花了三十年的精力去做實驗。

秉持宏碁一貫不留一手的文化，我將我所體會
有關於國際企業的經營及策略，這些不一定有絕對
定論的一些心得，提出來與大家分享，希望能拋磚
引玉，讓大家得以深入探討這個攸關台灣整體競爭
力的課題。

　　首先，我們從全球經營大趨勢，還有整個產業
典範的不斷轉移談起。

　　在電子產業剛開始發展的時候，我很幸
運地剛好從交大畢業，有機會看到它的一
些發展機會。但是，在三十年前、二
十年前、甚至十年前，實際上我們是
　　無法想像，整個

電子產業會演變成今天這個樣子。

　　從電子業的發展軌跡來對照，今天的人卻好像都看得懂未來網際網路會發展成什麼樣子。那麼多人，那麼熱衷於網際網路這個產業，而且網際網路概念股的股價又這麼高，好像是前途似錦。但未來究竟會怎麼樣？還是件需要且戰且走的事，要五年之後才能見眞章的事。

　　從我過去三十年的經驗，我從來沒有想過十年以後，甚至於五年以後，資訊產業會演變成什麼樣子。今天台灣的資訊工業發展成現在的成果，也在我意料之外。當然，我也曾經描繪過比較不會錯的願景：「科技島」；我也曾提出說：幾年內宏碁要變成世界排名第四名的公司（不過最後做到第三名）。把願景畫的很遠，當作努力的目

標，當然是不會錯的，但是真正在經營上，要把
每一件事情都能夠有效率地掌
握，實際上是非常不
容易的。

全球產業趨勢

1. 市場愈來愈大，愈來愈自由
2. 無國界的市場
3. 超分工整合的發展
4. 由產品導向變成顧客導向
5. 價值創造來源的轉移
6. e 時代的數位革命

根據我的觀察和歸納，全球的產業發展，出現了六大趨勢：

1. 市場愈來愈大，愈來愈自由

2. 無國界的市場

3. 超分工整合的發展

4. 由產品導向變成顧客導向

5. 價值創造來源的轉移

6. e 時代的數位革命

這六大趨勢將改變一切。而我們唯一能做的，就是師法 國父所說的：「迎頭趕上」。不過，迎頭趕上最好的情況是比賽規則重來！如果比賽規則不

變的話，我們先天上起步比別人慢了，怎麼迎頭趕上？所以，最好是翻牌的時候，我們迎頭趕上，重新洗牌；原先的領導者，因為他在原來的地方有包袱，說不定我們反而會走的比較快。

　　所以，在這六大趨勢裡面，我覺得我比較有心得、有想法，而且整個台灣產業能夠有效掌握的，是第三項「超分工整合」及和第六項「數位革命」，我認為，這兩項特別值得我們去探討。

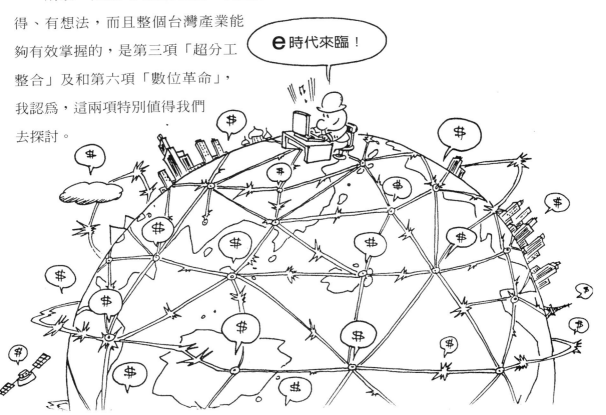

市場愈來愈大，愈來愈自由

- 產業保護政策難以成功
- 台灣的資訊業是因為反保護政策而崛起的
- 中國大陸、印度、巴西等市場都開始擺脫保護政策

　　　　企業經營努力的方向之一，就是要創造更大的市場。實際上，在越開放、越自由的市場中，企業經營的效率越高；相對地，越是在保護主義裏面，越是經由法令的層層保護、壟斷，企業的經營效率越沒有效率。所以，在美國的法令中甚至有反托拉斯、反壟斷等這些法令，無非是希望能夠讓資源做更有效的應用，進而有效因應未來新生的市場。

台灣資訊業因反保護政策而興起

　　今天台灣資訊業的發展，十分蓬勃，但台灣的

資訊業不是靠保護政策起來的，相反地，是因爲反保護政策而起來的。

1970年代，當時的劉大中先生覺察到應用電腦的重要，爲了鼓勵國內企業多加使用電腦，而當時的電腦都需要進口，因此將電腦的進口關稅訂爲百爲之五，而電腦的零組件則視同其他電子零件，訂爲百分之二十到三十。（當時的汽車進口稅率則在百之一百以上，生產工具在保稅區免稅。）電腦成品的進口稅率反而遠低於零組件的稅率，這樣就在無形之中形成對資訊業的反保護。起初政府並不是有意的，但後來則確實有這個效果。

台灣的資訊業者由於在這種反保護的環境下成長，所以大家很自然地就養成了不怕競爭的準備。即使以原先受到百分之二十關稅保護的半導體製造業者來說，當半導體的關稅從百分之二十，一路降到百分之一的過程中，也沒有聽說業者有什麼反彈的聲音，有什麼排拒的心態。所以我說台灣的資訊業者都習慣

了在反保護的環境下成長，結果反而練就了一身功夫。

相對的，台灣的汽車、家電等產業，都是在保護政策下成長的，今天的發展，則相形之下有其弱點。

從巴西到印度到大陸，都在開放

同樣來看資訊業，巴西發展電腦的時間，大致和台灣相當。以巴西的市場腹地，以及各種環境來看，他們發展電腦，絕不會比我們差。但是他們當初就是自認為太重視這個產業，什麼都要求政府保護，結果今天的發展和我們有了很大的差距。

在亞洲，印度也是對資訊業設了保護政策，但

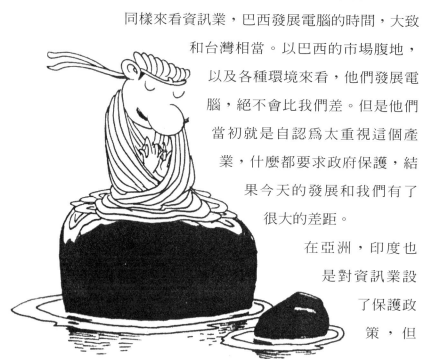

他們現在已經感覺到問題，改弦易轍了。大陸目前還是很保護，但是也開始覺察到保護政策所造成的問題了。

　　保護產業在理論上的本意是好的，對於一些尚未成熟的產業，給它一些初期的支持與輔導是應該的。但是，就好像我們在培養下一代的過程一樣，如果你過度保護他的話，小孩大概沒有什麼機會獨力面對社會的挑戰。正確的方法應該是讓他獨立、讓他自我發展；小的時候多一點協助、輔導，這個當然應該的，但是永遠的保護根本不可能成氣候。因此保護政策不論是在台灣還是在世界其他各地，都沒有成功的例子。過去台灣的獎勵投資條例說來比較成功，是因為保護的味道少一點，支持的味道多一些。

　　總之，我們要體認到：保護主義除了是不能持久的、不經濟的，同時也會降低競爭力。保護主義的藩籬會越來越少，不論哪一個產業，市場都會越

來越大，越來越自由。

不要落入贏了負數的陷阱

在一個越來越自由的市場裡，我們必須重新看待市場佔有率的課題。這可以由派克貝爾公司談起。

派克貝爾是個專門以低價銷售電腦的公司，台灣很

多業者支持他。由於價格太低，不論是宏碁還是IBM都比不過他，結果他們席捲了美國零售市場百分之五十以上的市場佔有率。所以他們算是winner gets all了，但是我要問的是：all of what?

殺價競爭之下，他們根本沒有利潤可圖。佔了這樣的市場又有什麼意義？他們贏了，但是贏的是負數。

有人從傳統的市場佔有率概念出發，認為只要先擴大了市場佔有率，把對手都淘汰出局，然後自己就可以為所欲為。過去也許可以這樣，微波爐市場也許可以這樣，因為產品的變化不大，但是今天在知識經濟體系之下，

科技發展的速度如此快速，產品的功能和樣式之推陳出新如此快速，這種市場佔有率的概念已經落伍了。你才剛以這種款式和功能的產品用低價達成了很高的市場佔有率，別人一轉彎，換了另一種款式和功能的產品推出上市，馬上就把顧客吸引回去。所以，用傳統的市場佔有率概念，是行不通了。

市場佔有率是業餘拳擊的打法

再換個說法，過去的很多產業強調這種殺價的市場佔有率，好比像是在打業餘的拳擊，只打三個回合。所以你死打爛纏，熬三個回合，把對手打垮，或者是拖垮就好了。但是新經濟則不然。在科技的一日千里之下，尤其是軟体的變

化，產品
的種類、功能和感覺等
等，日新月異，已經是打職業的拳擊
了，一打就是十五回合；你想要用過去打三個回
合，把別人拖垮的策略行不通了。一來你這樣打，
三個回合下來你自己已經累垮，二來每個回合遊戲
的規則和方法都不一樣，你光是想用殺價來達成市
場佔有率這一成不變的招式走江湖，也行不通。

總之，做贏家就要做有利潤的贏家，如果贏到
的是有包袱的東西，就不得不丟掉。

無國界的市場

- 產品的全球化：
  例如：網際網路、流行服飾、電玩遊戲、個人電腦、汽車...等
- 技術與零組件的全球化
- 資金與人才獲得的全球化

關於無國界的市場這個課題，當然大家已經談的很多；實際上，不管從產品、技術，尤其是小的零組件，甚至於大宗的農產品，都已經是全球流通的。現在，更進一步的就是資金，資金在國際上的流通遠遠超過商品的流通。

為什麼會無國界？很簡單，就是好的、大家要的、無形的、容易分享的東西，只要是能夠創造價值，就很自然地不受國界的限制。

無形事物的兩個特點

無形的東西有兩個特點，第一個特點是：無限

制的分享也不會變少；第二個特點是：容易分享，只要能創造出價值，即使受惠者付出的費用少之又少，但由於大量分享，就造成很大的成功。美國90年代經濟蓬勃發展的主要原因，以及他們爲什麼在反仿冒301 條款上，花那麼多功夫的原因，正是起因於他們重視科技的分享，尤其是軟體分享。複製軟體不會消耗資源、也不必花錢，但在分享時，產生的效用最高。軟體就像一本書，最怕沒有人閱讀，有人讀就會不斷再版，利潤也跟著水漲船高。我特別強調智慧財產，就是因爲它可以大量分享，所以附加價值高。服務也是如此，如果是一個個去做服務，既辛苦又昂貴，投

資很大。但服務的「know-how」就很值錢，就像軟體一樣，全世界都可以用，服務若可以透過網際網路部署，更容易複製、分享，有分享才會有附加價值。

與敵共舞的時代來到

到底無國界代表什麼意義呢？其實無國界就表示必須以全球的視野來經營企業；也就是說，你的概念一定要是全球化的概念，同時也要對當地的市場相當了解。

同樣的情形，因為是無國界，如果你的產品不是全球最好的資源整合出來的結果，就沒有競爭力、不能持久；因為你不可能自外於全球的競爭。在未來新的時代裏面，好的東西不一定就是貴的。

所以，你如果想將全球最好的東西做有效整合，你一定要跟很多人做合作的夥伴，建立策略聯盟的關係。面對未來，在這個既合作又競爭的客觀環境裏面，一種很開放、很具彈性、隨時可以扮演不同角色的能力，就會變得非常重要。因此，我們要有兩種心理準備：

第一，漢賊不兩立的時代已經過去，「與敵共舞」在未來會變成企業經營的一種常態！

第二，要接受即使是小公司也可以當中心，即使是大公司也要扮演支持中心的衛星的角色。

這兩個心理準備，就是組成虛擬夢幻團隊的基礎。我們先看為什麼「與敵共舞」在未來會變成企業經營的一種常態。

現在的工作任務多元化，生活多元化，在不同時間的多元化。因為我們要做的事情越來越多，接觸的範圍越來越大，事情目標變化的速度也越來越快。所以，過去只有在單一事情及範圍內視為仇敵的對象，在其他利害衝突沒那麼大的事情上，就反而有了合作的機會。大家可以為了先攻下某一個市場，先一起合作。如果你認為某人過去是競爭對手，現在就不和他合作，那吃虧的一定是你。

與敵共舞需要一種開放的心態。只要是人，就不容易放開這種心態。倒也不只有台灣人有這個問題，日本人就比美國人嚴重，但今天日本人碰到的問題，也就比美國人要多。

開放的心態，要有信心支持

開放的心態的背後，最重要的則是信心。相信自己與敵共舞之後，絕不怕自己的本領被別人拿走，相信自己立即可以推陳出新，更上層樓。美國人願意以開放的心態和你合作，把技術轉移給你，也是因為他們自信接下來又可以開發出新的技術。今天台灣也要有信心，台灣要開始輸出技術。我們給了舊的，不得不做新的，新的一定比較好。何況在給別人舊的過程中，還有各種有形、無形的回收。（但有時候政府的心態則不然。以十年前我接觸的經驗來說，政府就覺得這個技術重要，那個技術關鍵，輸出了就是『資敵』。）

　　當然，在一些你本來就視為根本的事情上，還是要短兵相接，這時還是不免要你死

我活。這可以比喻為打籃球，有時候你要和對手共同組隊對付另外一隊，這個時候就要和他共同組成夢幻隊伍，另外一個時候你要和對手鬥牛，這時候就是單挑。

大公司要扮演小公司的衛星

再來看，為什麼即使是小公司也可以當中心，即使是大公司也要扮演支持中心的衛星的角色呢？

很簡單，過去在有形商品掛帥的年代，一切
資源，甚至知識都掌控在大公司手裡。在知識經
濟的時代，知識是一切的中心，而知識太多，
不論一個公司多大，都不可能掌控得了所有
的知識；所以即使是小公司，只要掌握
到大公司所沒有掌握到的知識，就
可以自成中心，大公司也只能來
扮演小公司的衛星。大公司看你要
不要來參加，不來參加，是你
自己吃虧。

　　因此，面對一個
　　　無國界

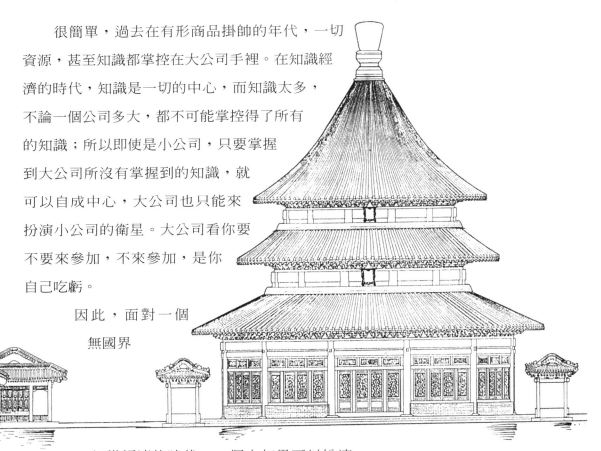

知識經濟的時代，一個人如果可以扮演
多種角色，當環境變化快速、競爭激烈時，就可以
隨任務需要而調整。未來的世界非常需要具彈性角
色扮演能力的人。

趨勢 3
超分工整合的發展

● 策略性外包：尋求全球成本與人才的優勢
● 專注核心能力：提高附加價值及成長彈性
● 資訊技術進步：透過虛擬整合，讓超分工整合更能發揮效果

　　在網際網路的時代來臨之後，就出現超分工整合的大趨勢：以前什麼都要自己做的事情，現在則會在考量自己的核心能力、經濟規模及投資效益下，當然就會慢慢地外包給比自己更專業，又可以增加自己的國際競爭力的策略夥伴。

　　我常常提到「哈佛商業評論」（Harvard Business Review）在 1991 年 9 月份一篇很重要的文章，我認為它是美國今天競爭力不斷地提昇的重要的註解之一；在該篇文章中，美國一位教授提出來一個論調：美國的公司應該成為「不做電腦的電腦公司，及不要有晶圓代工的半導體公司」。這種論

調其實就是指「策略性外包」，當時這是一個很新的觀念，但是今天看來則是理所當然。

開放標準的意義

這種分工整合的先決條件是開放標準，然後在共同的利益以及不斷的競爭下促進分工整合。換句話說，大家先分工，在開放標準的規格下，做自己專長的部分，然後又在共同的利益下，整合在一起。

也許有人會問：開放標準是否等於放棄自己的研發或專利？這中間的分寸如何掌握？

開放標準不等於放棄專利。

開放標準才
能分工整合。因爲大家在這個標準下各自知道自己
的角色和功能。

　　要形成標準，要大家接受你的標準，爲了免除
大家對你獨佔的疑慮，往往要做些犧牲。以過去
Philips公開他們在錄音帶上的專利，只象徵性的收
一元。再以錄影帶Beta與VHS之爭時，Beta不肯公
開專利與標準，終究敗在VHS手下。VHS公開專利
與標準，雖然不像Philips公開錄音帶時候那麼便
宜，畢竟也是相當便宜。現在的DVD也是如此。

電腦業的Windows
和 Intel 之形成標準，則是無
心之果。當初IBM採用Microsoft和Intel
的產品，根本沒想到會助他們形成Wintel的業界標
準。這兩家公司一方面保留了自己的很多專利，又
一方面形成了業界的標準，這是比較例外少見的。

開放標準的好處，可以這麼看：沒有Wintel，
就沒有台灣。台灣只會做電腦，不會賣電腦，在
Wintel的標準下，省了太多力氣。公開的標準，像
是產業共同的基礎。這對消費者有利，因為他們不
擔心買到不對的規格，而在標準之下大家各自分
工，於是各有專精，科技進步很快，成本可以
降低，並且在形成一個大的市場後，資金的
運用也比較有效。最近十年，資訊業的發
展特別快，相形之下機械業等就發展很
慢，因為業界沒有公開的標準。汽車也
是，除了輪子，幾乎沒有任何統一的標
準。

虛擬團隊的價值

　　我們感覺到在面對未來的經營，會出現所謂「虛擬團隊」（Virtual Team）及「虛擬整合」（Virtual Integration）這樣的觀念。所謂「虛擬」，就是我們把最好的東西，在一個有標準、開放的環境，在共同的利益之下，為了某一個任務，大家整合在一起，然後當這個任務達成了以後，團隊就解散了。

　　有一個很有名的案例，就是美國的夢幻籃球隊的成軍。這個虛擬球隊組成的目的，就是參加奧運奪取金牌；得到金牌後，他們就各自回到原屬的球隊，大家分工、整合，不但沒有額外的負擔，而且目的已經達到了。

　　所以，我想未來在網際網路的世界裏面，我們會發現，這樣一個超分工整合的模式，實際上會是比較正確的經營模式。

電腦發展的歷史啟示

我為什麼能夠這樣預測未來？因為我是看過去。我用這樣一個簡單的圖跟大家說明。過去電腦的發展就是從主機電腦（Mainframe）的控制，演進成主從架構（Client - Server），現在則為網際網路協定（Internet Protocol）。

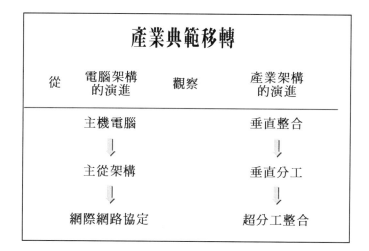

想想，網際網路協定真是簡單，就在這麼簡單的架構之下，不只是美國，全球在這個標準、開放的環境之下，各自為政，把整個世界都翻過來了，也改變了整個世界的生活型態。

當然，這是
我們所看到電腦產
業的發展歷史；但是，
如果你也想一想，我們人
在做的事情，有多少是跟電腦一樣在做數據、運算
之類的工作？我相信有很多類似的地方！所以，我
們覺得人的管理、人的組織架構，未來也會朝類似
電腦發展的這個過程：第一階段是什麼都自己做的
垂直整合，第二階段是垂直分工，水平整合的分工
整合，再演進成第三階段的垂直分工，水平也分工
的超分工整合。

超分工整合，就是又競爭又合作

到底超分工整合是代表什麼意思？其實，就是
又競爭又合作的經營模式。未來沒有任何一個人、
一家公司、一個國家什麼都能做，如果你沒有辦法
跟別人分工、整合的話，實際上是不具競爭力的。

所以，在這樣一個客觀環境之下，我覺得台灣
中小企業「寧為雞頭」的這個基本架構，實際上是

比較有利的。因為，中小企業本身有創業精神，老闆自己做決定，速度很快；為了生活什麼都可以做，很有彈性。在這樣一個基本的客觀環境之下，台灣面對網際網路的環境，是站在比較有利的地位。

當然，在上一波的個人電腦（Personal Computer；PC）的產業風潮中，我們就是因為這個特質贏了日本、韓國及亞洲的鄰近國家。但是，我們如何在網際網路的時代中，繼續贏得這一場新的戰爭？當然有待考驗。因為別人已經知道上一次輸得實在是不服氣，今天比賽重來了，他們當然要想辦法扳回一城。

所以，我們可以看出來，如果純從對網際網路的熱度來講，台灣的熱度不見得比香港、韓國、新加坡等亞洲的鄰近國家熱，甚至中國大陸都比台灣熱。我們在這樣的客觀環境之下，如何能夠以我們現有的優勢繼續領先呢？實際上對所有的台灣企業都是極大的考驗。

由產品導向變成顧客導向

- 從賣方市場轉為買方市場，尤其在 e 時代，顧客愈來愈聰明，要求也愈來愈高。
- 成熟產品很難以技術、產品創造差異化→解決方案、速度、服務、品牌形象將成為競爭區隔
- 企業經營模式的改變：顧客終身管理對獲利至關重要
  範例：Intel Inside、PC/XC/IA→ASP

　　不管是高科技產業或者是傳統生意的發展，初期幾乎都是只要有東西就好；人們利用新的科技，不斷地開發出功能更高的東西，進而形成以產品導向的經營模式。實質上，我們會發現，未來會走向以客戶為中心的發展模式。

　　更重要的是，很多產品幾乎都是供過於求的，包含投資不只幾百億的東西，像 DRAM（隨機動態存取記憶體；是個人電腦不可或缺的儲存記憶用元件），都會供過於求。所以，如果你只從產品的角度、技術的角度來思考，是沒有辦法永續發展下

去，也沒有價值，因爲它會供過於求。

　　如果從勞力密集的角度來思考，實質上我們的人工再多，也遠不及現在中國大陸、東南亞、越南所釋放出來根本是無窮盡的勞力。更何況有很多東西，不要勞力就可以做出來，尤其是那些無形的東西，例如電腦軟體；無形的東西的重製，幾乎可以不消耗資源。所以，我們今天的主要課題應該是如何在未來發展出更多無形的東西，尤其在電腦軟體方面。

便宜、品質好，將不再是重點

　　今天，我們如果發展出來一個日常生活用的杯子，找不到買主，那我們就拿到夜市裏面賣掉了，賣不到一百元，就用一塊錢也可以賣掉。但是，當你做出來一個不是顧客導向的軟體，因爲它是無形的、非生

活必需品，所以就算免費送給別人，人家都不要。
也就是說，如果你的軟體大賣的話，那是無限的回
收；如果不能變成熱門產品的話，就算是寫一本
書，你要浪費人家的時間去看，別人都要考慮一下
到底划不划得來。所以，這個趨勢就是說，如果你
沒有顧客導向這樣一個基本概念，經營企業是會有
問題的。

　　過去，我們在開發產品的時候，都是以我做得
比較便宜、品質比較好，做為一個主要的競爭力；
但是，未來應該要思考：到底消費者要的是什
麼？他的主要需求是什麼？安心、方便、還是
總成本的降低，不僅是單一產品的成本降
低，或是完整的解答；我們可以說，相對地
在台灣的企業來講，很少談論這個問
題。因為我們做個人電腦這種產品
的時候，客戶需要的東西就已經
在那裡，所有的規格都已
經被定義的清清楚楚，
沒有什麼顧客導向的概

念；所以，我們的腦筋就沒有辦法真正的去了解這個趨勢的重要性。

當然，還有一些問題，如：我們距離客戶太遙遠了；由於我們的本地市場太小了，沒有辦法投入那麼多的資源，做真正、有效的市場分析。但是，如果從長計議的話，假如台灣不想辦法把這個問題解決的話，我們絕對無法增加國際的競爭力。

了解客戶的需求，就是高附加價值

實際上，我們台灣的資源是非常有限的，人才也不太夠。所以，最重要的就是要把我們有限的資源，用在高附加價值的地方！什麼是高附加價值的地方？就是了解客戶及整個社會的需求：知道到底全世界的市場需要什麼？從這個角度去思考的話，把我們的資源集中起來，有效地克服這些問題，就可以形成競爭區隔。

我就舉 Intel Inside 這個概念為例來加以說明：Intel Inside 的意義在於 Intel 公司
（美商英代爾

公司；全球最大的 CPU 供應商）的產品原本是透過 OEM（代工生產）的管道到消費者的手上；也就是他的客戶本來只有幾千家、幾萬家的廠商，但是，最終的用戶卻是幾千萬人到幾億人。所以，Intel 公司以顧客導向的概念來設計他的訴求點；他抓到客戶有隨時要升級、軟體要相容等幾個訴求點，進而灌輸客戶要買流行的東西比較便宜的這個觀念，並在廣告上將 386（Intel 比較舊的 CPU 型號）劃掉改為 486（Intel 比較新的 CPU 型號），鼓勵客戶淘汰舊電腦，採購新電腦，而且不斷地跟隨 Intel 的腳步走。

大概在十幾年前，Intel 就和消費者在做很多的溝通，實際上，他是從顧客導向的概念出發。由於像 Acer 這種中間者有我們的目的，而 Intel 也有他自己的目的，所以他不能透過我們替他宣傳這個訴求；因此，他就跳過我們，直接透過廣告面對廣大的消費者，並以顧客導向的概念，對最終消費者溝通這樣一個訊息，以掌握客戶對品牌認同的忠誠度。

重新思考公司的策略定位

　　由產品導向變成顧客導向的這個趨勢所代表的意思是什麼？這個要我們再問問自己：今天我是怎麼定位我自己？以及未來應該如何定位。不管我是一個提供產品的公司？還是做服務的公司？還是一個提供整套解答的公司？在這樣的大趨勢之下，尤其在分工、整合裏面，我們自己的定位很重要！就好像打球的時候，我應該站在什麼位置是比較好，對球隊的勝負的關鍵貢獻比較大，也比較會變成明星。

　　要做最佳的定位，當然你要全盤了解到底客戶全部的需求是什麼。今天，台灣企業在經營事業的時候，有太多的東西要去了解，尤其是做外銷的生意。因為

在過去大多是以 OEM（代工生產）、ODM（代工設計及生產）為主，相對地是比較簡單；自創品牌就不是那麼單純，就要去思考到底客戶要什麼？

但是，PC 就是 PC，大家做的產品都差不多；所以我們反而要從顧客導向的概念來思考，不是在 PC 本身，而是 PC 以外，消費者要什麼？這就是為什麼品牌領先者，像 IBM 這麼強勢的品牌，在個人電腦的業務中，先是流失一些比較沒有錢的客戶，反正買不起；到最後慢慢地連有錢的企業也買了別人的產品，因為他們發現 IBM 的產品和

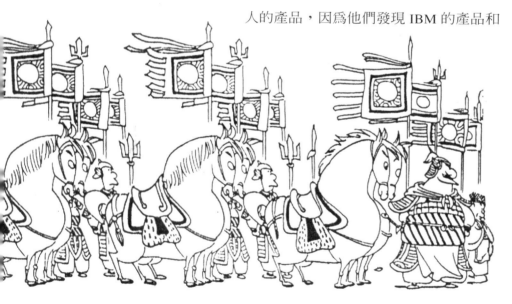

其他廠商的產品也沒有什麼差別。所以，如果沒有從客戶到底在想什麼來思考的話，實質上是很難經營的。

台灣的員工心態與文化問題

因此，如果台灣的企業要自創品牌的話，在這樣一個情況之下，我覺得就要採「由近而遠」的策略：因為遠的地方你總是不易了解，所以我們要先接近客戶、了解客戶，然後再慢慢地，一步一步從長計議，用二十年、三十年的思考模式來發展。

台灣企業要轉為顧客導向，員工心態與文化是主要的障礙。原因是台灣產業以外銷為主，遠離消費者，不了解消費者需求；員工做事的心態是大客戶要什麼就做什麼，不懂得傾聽消費者心聲。這種心態要轉變成以客戶為導向時，會遇到很大的困難。

趨勢 *5*
價值創造來源的轉移

- 過去：當市場規則以成本與產量為主時，製造能力為關鍵因素（賣方市場）
- 現在：從顧客觀點而言，專利技術和有附加價值的服務愈來愈重要（買方市場）

談到價值的創造，在過去當然是從製造能力的角度來看；初期，在賣方市場的時候，大量生產、降低成本應該是關鍵所在。但是，如果我們以面對未來的角度來看，實際上，市場的主導權已經由賣方轉為買方；而從消費者的觀點而言，有很多可以大量使用的智慧財產權、專利技術，以及跟客戶端直接接觸的、以顧客導向思維、有更多附加價值的服務，實際上是會比較值錢的。也就是說，整個產業發展的趨勢，已經從過去以有形的產品為中心，逐漸地轉變成以無形的服務為中心，同時，價值創造的來源，也在不知不覺中轉移了。

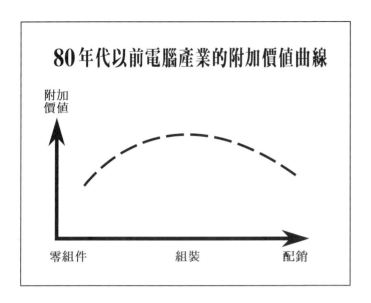

80年代以前電腦產業的附加價值曲線

附加
價值

零組件　　　　　　組裝　　　　　　配銷

兩條不同的曲線

　　我就以上面這個1980年代以前比較簡單的「附加價值曲線」，來說明這個趨勢的轉移。在這個曲線中，我談的當然是電腦產業，但是我認為這樣一個概念，應該可以運用到所有的產業；在「再造宏碁」裏面，我有提到石化工業的附加價值曲線、軟體產業的附加價值曲線、鞋業的附加價值曲線等等。

　　其實，我們如果重新思考一下，任何一個產業

的價值鏈裡面，都包含了從最龍頭的研究發展、零組件，一路到組裝、配銷、及服務；在這個價值鏈裏面，到底哪裏才有附加價值？很明顯的，在八○年代以前，做電腦當然是整個把電腦組合起來，這個最有附加價值；台灣的資訊工業，也是因爲掌握這個趨勢，才奠定了良好的基礎。

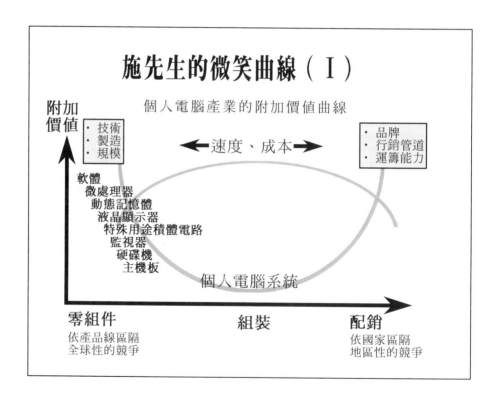

施先生的微笑曲線（Ⅰ）

個人電腦產業的附加價值曲線

附加價值

· 技術
· 製造
· 規模

←速度、成本→

· 品牌
· 行銷管道
· 運籌能力

軟體
微處理器
動態記憶體
液晶顯示器
特殊用途積體電路
監視器
硬碟機
主機板

個人電腦系統

零組件
依產品線區隔
全球性的競爭

組裝

配銷
依國家區隔
地區性的競爭

但是，在九○年代初期，這條曲線是整個壓下來，而變成了所謂的「微笑曲線」。

　　這個「微笑曲線」是一九九二 年為了再造宏碁，我所提出來的一個具有說服力的概念。因為，面對幾千個員工，要告訴他們說，我們以前重視的東西，現在可能不值錢了，這個怎麼去講呢？講不清楚。所以，我就用畫這個曲線圖給他們；當時，一個傳一個，傳到最後，反正不了解這個「微笑曲線」的人，就笑不出來了。

　　在「微笑曲線」裡面，很明顯地就是製造的附加價值變得很低了！左圖中對各種因素有詳細的描述，可讓大家參考。在此，我只提出一點：不論是技術或者零組件，它是一個全球性的競爭；而配銷或者服務方面，則是一個當地化的競爭。我這樣一個簡單的概念，會重覆不斷地提醒大家，因為這個方向如果抓錯了，太多的創業、太多的發展都違反這個原則的話，事業的發展會有問題的。

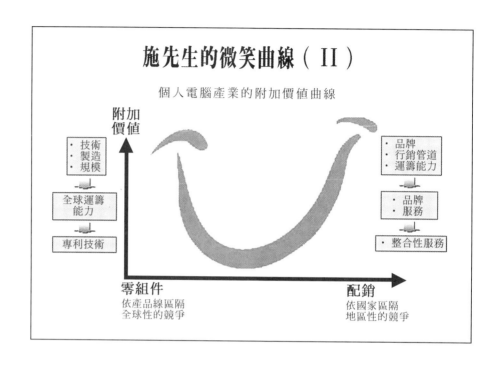

施先生的微笑曲線（II）

個人電腦產業的附加價值曲線

附加價值

- 技術
- 製造
- 規模

全球運籌能力

專利技術

- 品牌
- 行銷管道
- 運籌能力

- 品牌
- 服務

- 整合性服務

零組件
依產品線區隔
全球性的競爭

配銷
依國家區隔
地區性的競爭

其實，就算在「微笑曲線」裏面，整個產業中，重要的附加價值也都在變：從一九九二年一路走到了二〇〇〇年，原來認為技術、製造能力、量產是很重要的附加價值；現在，則發現這個沒有什麼好競爭，因為這些大家都有了，尤其在台灣大家都會。全世界要外包，找這個實在是太容易了。

接下來，我們就面臨全球 End to End 的運籌問

題，這個時候，它的效率問題就變成很重要了。當
這個弄好了以後呢？講來講去，到最後就是說，誰
在這裏面有更多從顧客導向的概念來思考的智慧財
產權、專利技術，可能他創造的價值是最
高的。以今天的觀點來講，實際上就是
電腦軟體。

比爾·蓋茲對 Intel 的看法

微軟總裁比爾·蓋茲有一天跟我
談起，他不相信 Intel 是一家
半導體公司，他認為 Intel 是
一家軟體公司，是一家靠智慧財
產權及專利技術創造價值的公司，也
是微軟最大的競爭者。Intel 公司裏面
軟體工程師一堆，雖然表面上他是一
家提供 CPU（中央微處理器；是個人電腦不
可或缺的大腦級零件）的公司，其實，Intel
只是把他的智慧財產及專利技術放在矽晶
片裏面而已。

矽晶片誰都可以做，台灣更會做；但是，矽晶片裏面要放什麼東西，才能眞正創造最高的附加價值呢？放智慧財產及專利技術！所以，Intel 不是做矽晶片而已，做矽晶片只是爲了讓他的智慧財產及專利技術，能夠有一個媒體形式去呈現；換句話說，Intel 只是把矽晶片當成傳播媒體的載體而已。Intel 整個 IC（積體電路，一種半導體）的生意，實際上，是在販售智慧財產權及專利技術。

　　從曲線圖右邊來看，品牌、通路、服務的附加價值也都在變。像通路的附加價值現在也不曉得跑到哪裏去了，Dell（美商戴爾公司）已經不要傳統的零售通路了，取而代之的是，未來的通路可能都會透過電子商務，而變成電子通路（e-channel）。

普通的服務也產生不了附加價值了，現在要提供的是「整合性服務」（Integrated Service）。

以前本來是機器壞掉才需要服務，以後這種被動的售後服務已經無法滿足消費者的需求了；以後是整套的機器運送出去時，就同時包含整套的服務在裏面，這是整個發展的趨勢。

Where is the Beef?

在這樣一個客觀的環境之下，我們首先要問自己：我們做了半天，公司每天在做的，到底有沒有附加價值：Where is the beef？第二，在這個分工整合的大環境之下，如果你不能做到最領先者，是不是又要放棄了：Go Big or Go Home。

另外，台灣話常講「寧為雞首」（Head of Chicken）的概念；不過這個碁（雞）是宏碁的碁，我們專門養小雞（碁），養有價值的小雞。也就是說，我們如果沒有把握在這裡做，我們就不做。但是，反正我們有那麼多資源，閒著沒事也浪費，所以就再找一個新的領域。這個新的領域當然是找越

有未來價值、附加價值的；找到方向後，我們就全力投入，然後養他，讓我們在這個領域裏面又變成是領先的。如此週而復始，我們在新的一些領域裏面，就不斷地取得了一些優勢，進而創造更好的競爭力。

我們如果仔細分析台灣的中小企業，會發現其中的創業精神有兩個：一個是「寧為雞首」這個值得鼓勵的精神，另一個則是不值得鼓勵的「一窩蜂」心態。一窩蜂去找小雞養沒關係，不要一窩蜂養同樣的雞；就像電子雞，養久了也會變成沒價值。所以我們在經營企業的時候，要非常小心。

實際上，企業如果要放棄某些領域，就要把握 Go Big or Go Home 的原則。例如，Intel 放棄 DRAM（動態隨機存取記憶體）的業務，Acer 也放棄了（德碁半導體後來與台積電合併），就連張忠謀的世界先進也要轉進了，因為沒有辦法 Go Big 只好 Go Home，道理很簡單，不能逞強。

e 時代的數位革命

- 雖然物質資源有限，有創意的公司仍然可以產生巨大影響力（例如：e-Bay 、 e-Trade）
- 利用網際網路技術建立顧客的資料庫、關係行銷管理與『量身訂製』的服務
- 中介服務價值的減少，直接影響通路商、仲介服務及經紀人的經營模式
- 提昇顧客服務：隨時隨地，"7-24"全年無休的服務
- 顧客與公司獲得市場訊息的差距愈來愈小

　　當然，數位革命的來源是來自於通信；但是，在新的經濟體系裏面，數位革命現在才剛開始蓬勃的發展。在可預見的將來，寬頻都不要錢，運算也不要錢；由於無線通訊的進步，在我們的口袋裏，隨時都會有幾個可執行超級電腦運算的裝置，每個人每天也都會使用一堆的計算。未來，從消費者，到產品、服務、通路及供應商，每個環節的附加價值，都會隨著數位革命的到來，而產生翻天覆地的改變。我們可以預測的是，數位革命將會創造 e 時代的新經濟。

顧客與公司獲得訊息的差距愈來愈小

　　針對 e 時代的數位革命，我只提出一個感想：因為業務上的關係，我到過世界每一個角落，尤其是中東、東南亞、或者拉丁美洲，最遠要三十六小時才到的地方；據我的觀察，實質上這些看似落後的開發中國家，他們對於數位革命所產生的變化，在知識上都沒問題，是隨時更新的。

　　也就是說，當美國在演這場數位革命的大戲時，我們因為排名世界第三名，所以，我們可以去當第三主角。但是對於網際網路的經營模式大家都看得那麼多，知識實際上傳播的也很快，所以這些開發中國家，他們的觀念是非常更新的；不過，可惜的是，他們沒有舞台，現在是他們在看戲；我們當然希望我們不要祇是看戲而已，我們要上台演戲。所以，在這場數位革命的新經濟體系裏面，我們要積極地參與演戲。演戲，當然我們沒有條件當第一主角，不過，我們希望我們能夠在戲中扮演一個舉足輕重的要角。

　　在新經濟的數位革命時代，顧

客與公司獲得市場訊息的差距愈來愈少。因為網路上的知識太多，客戶非常關切，公司員工卻只了解自己所知的部分，不像消費者會試圖去了解各種知識。員工如果不積極了解自己的專業，就會陷入客戶了解的知識比公司還要多的窘境。

在新經濟中，事情無所不在，每天都處在來不及做好準備就要交差的情況下，要怎麼做才是對的？這不是說你做得多努力，而是如何有效利用資源，往正確的方向；領導組織做對的事情，就變得非常重要。

領導者不要被日常工作所困，保持頭腦清醒，就要學會把日常工作交出去。要把日常工作交出去，需要授權。授權之前，需要訓練人才。訓練人才之前，需要和他們

溝通價值觀。

　　因此，談數位革命，不能忘記人的價值。

總結

- 建立快速而彈性的組織架構與企業文化
- 危機始於安樂。

　　在總結這些趨勢的影響時，我們必須釐清的第一個概念就是：到底它們是革命還是演進？實際上，我覺得事情是透過演進才容易成功，革命其實是很難的一件事情。所以，今天數位時代是在革命？還是在演進？如果從不知不覺的人來看，當然是在革命；但是，如果對一直觀察、有注意的人來看，它是一步一步地演進。我們甚至於事先也可以大致了解，未來應該會怎麼樣發展。

　　所以，整體來說，我們一定要隨時了解客觀環境的變化，然後往前推。這樣就像你要走很遠的路，如果你每天都在走的話，

就不會累了；當有問題發生的時候，也要馬上尋求改變之道。因為問題之所以存在，理由百分之百是自己的問題；例如，今天你跟政府之間的溝通碰壁，是因為你不了解政府的運作，如只是抱怨政府不好，是有問題的。

如果以相同的標準來看的話，我就發現，再造宏碁的時間都有一點晚；不過，還好我有看到問題：當一九九一年有幾間公司虧本的時候，我自我檢討，一九九二年就做了再造宏碁的工作。一九九六、一九九七年開始再再造的時候，雖然公司還沒有到虧本，不過利潤已經下降了，這個是很大的一些警訊。所以，我覺得很多事情的發生是靠演進的。

危機都始於安樂。企業低潮時期的問題，一定都是在全盛時期造成的。這和人體的健康非常像：人的健康出了問題，一定都是在年輕時候、強健的時候種下的病因；喝太多酒了，熬太多夜了。

企業的問題比個人的健康還麻煩的是：有了問題，控制和回饋的系統更慢。

要怎麼避免這個問題實在很難說，也只能以健康做個比喻：多做定期檢查。我就是過一段時候會找一些關鍵的人來，再好的時候也往壞處看，來提高大家的警覺。

　　而更重要的是，累積很久的能量之後，它會產生一個刺激、一個轉折點，這個轉折點是隨時、在適當的能量之後，就發生了；當它發生的時候，它是排山倒海的。所以，我們雖然掌握不住什麼是轉折點，因為轉折點過了以後，你覺得是革命；實際上雖然你掌握不住，但是你一定要為那一個轉折點做準備：建立一個快速而彈性的組織架構與企業文化，以因應各種突發的改變。

孫子兵法
策略

2500年前，中國出現了一
位偉大的軍事天才，名叫
孫武。

他著作了一本軍事謀略的著作，
名叫「孫子兵法」。
這是一部舉世公認
「首屈一指的兵經」……

「孫子兵法」精闢論述了治軍作戰的原則，篇篇貫穿著獨到的謀略思想，孫子在兵法裡說：

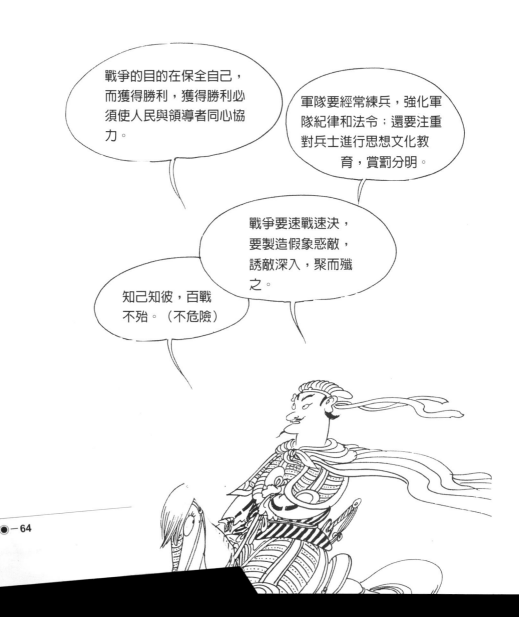

戰爭的目的在保全自己，而獲得勝利，獲得勝利必須使人民與領導者同心協力。

軍隊要經常練兵，強化軍隊紀律和法令；還要注重對兵士進行思想文化教育，賞罰分明。

戰爭要速戰速決，要製造假象惑敵，誘敵深入，聚而殲之。

知己知彼，百戰不殆。（不危險）

孫子兵法是一部「世界的兵經」，它深深的影響了後世的戰爭軍事理論……

古今中外全世界這麼多人推崇這部《孫子兵法》正因為這部兵經所談述的根本就是一門戰爭的藝術!!

中國三國時期的曹操是第一位注解孫子兵法的人，他並做孫子的戰爭理論成功的順利取得中國北方的統治。

日本戰國時期的武田信雄

ART MILITAIRE
DES CHINOIS.

西元1772年，傳教士AMIOT亞茂德（J.J.M. AMICY）將《孫子兵法》譯為法文……

拿破崙

Good

《孫子兵法》法文
版出版後深受拿破
崙的讚賞……

《SUN TZU ON THE ART OF WAR》

另外英國人蓋爾斯則在
1910年出版了《孫子戰
爭的藝術》英譯本。

此後歐美各軍事院校均以《孫子兵法》為必讀經典……

孫子兵法是海軍陸戰隊1990年的風雲讀物，是所有軍事調動的基礎。

KOOTS OF STATEGY

美國波斯灣戰爭的海軍陸戰隊司令阿飛德爾‧格磊將軍如是說…

《孫子兵法》是古今中外兵書的第一傑作，連克勞什維茨在242百年後所著作的《戰爭論》也望塵莫及，《孫子兵法》的大部份觀念，在我們當前環境中，還是和當年一樣的有價值。

美國戰略家 柯林士

孫子兵法的精簡、專注原則，即使2500年後的今天仍為戰爭時之寶貴指南。

1964，美國陸軍准將湯瑪斯‧R‧菲力普

善戰者，求之于勢不貴于人，故能擇人任勢──孫子

　　孫子是中國歷史上首屆一指的兵學大師，他是個出類拔萃的軍事天才，不但塑造了中國軍人的典型，也建立了軍人的武德。

　　孫子用兵的哲學不在於以眾擊寡，以強勝弱，而在於用兵的整個事前廟算評估與戰略佈置和決策，有效執行的整套系統。

　　孫子兵法不但可以用來帶兵治國和用兵作戰，也可以用來做為經營企業的寶典。

　　尤其是我們正面臨全球經濟變革的重要時期，而孫子兵法的謀略正是在瞬息萬變的變局中最能掌握「勢」的流動而運勢任勢的法典。

孫子說：

「戰爭的法則是要戰勝敵人，又要保全國家、軍隊的
完整為上策。如果只知道要求得戰勝，而讓自己受到損
傷那就不太好……因此在戰爭之前得要精確仔細的評估
形勢，這個戰是不是非打不可？有沒有勝算？如果非戰
不可，那麼應該何時打？在那裡打？用什麼將領？用什
麼戰略以剋制敵方？自己的命令決策是否能有效執行？

經過嚴密地精算評估以上這些條件後，如果有必勝
的結論，那麼便可以動員準備這場戰爭。」

因為：

發動一場戰爭關係到軍隊將士和人民的生死和國家
的存亡，不可以不認真謹慎地研究啊！

人死了不能復生，國家滅亡了便很難再復興。

未戰之前的戰略評估和計算是何其重要，算得多、
算得精便容易打勝戰，算得少，算得草率便容易被打
敗，更何況是那些未戰之前沒精算的呢？」

相同的一經營一個企業，如同治理一個國家一樣，

企業的領導者率領公司的將相兵士經營公司企業也應以十萬分戒慎的心來面對瞬息萬變的市場經濟版塊的變動，如同面對戰爭一樣，因爲這脩關企業的前途所有員工的未來。

行動之前的周密思考精算評估是何其重要，正如孫子所說：「未戰而廟算，勝利是由於廟算得多也；未戰而廟算，不勝者，是因爲廟算得少也；多算勝，少算不勝，更何況無算乎？」

行動之前先做通盤計劃策略和了解未來的時空變化，成功是因爲事前的預備做得周詳。行動之前先行了解未來時空變化與自己的策略，如果沒有得到預期的成功……那是因爲對未來的時空變化了解得不夠，以及自己的計算不夠周密。

對未來時空變化了解得多、勝算大、了解得少、勝算小。更何況那些根本對未來變化不了解的，怎麼會有成功的勝算呢？

孫子兵法
計篇

孫子曰：

兵者，國之大事也；死生之地，存亡之道，不可不察也。故經之以五，校之以計，以索其情。一曰道，二曰天，三曰地，四曰將，五曰法。道者：令民與上同意者也；故可與之死，可與之生，民弗詭也。天者：陰陽、寒暑，時制也；順逆，兵勝也。地者：高下、廣狹、遠近、險易、死生也。將者：智、信、仁、勇、嚴也。法者：曲制、官道、主用也。凡此五者，將莫不聞；知之者勝，不知者不勝。

故效之以計，以索其情。曰：主孰賢？將孰能？天地孰得？法令孰行？兵眾孰強？士卒孰練？賞罰孰明？吾以此知勝負矣。將聽吾計，用之必勝，留之；將不聽吾計，用之必敗，去之。計利以聽，乃為之勢，以佐其外；勢者，因利而制權也。

兵者，詭道也。故能而示之不能，用而示之不用；近而示之遠，遠而示之近。故利而誘之，亂而取之，實而備之，強而避之，怒而撓之；攻其無備，出其不意。此兵家之勝，不可預傳也。

夫未戰而廟算勝者，得算多也；未戰而廟算不勝者，得算少也。多算勝，少算敗，況無算乎！吾以此觀之，勝負見矣。

✳本書孫子兵法採用朔雪寒校勘版本

始計

《孫子兵法》共十三篇，第一篇就是「始計」，由此可見孫子對於要領的重視。

一個企業經營者也應該注意他的要領。

我的要領，就是簡化。

但是要簡化，就要有要點；隨著時間的不同，有不同的要點。對我來說，要點就是我的弱點，補強我的弱點就是我的要點；然後，我才看我的優勢，看怎麼掌握機會。掌握機會很重要，但是，如果沒有考慮自己的弱點，如果事先沒有清除失敗的因素，失敗的機會就會很大。

始計

戰爭是國家的大事，關係人民的生死，

也關係到國家的存亡，

所以不能不細心研究和慎重的考慮。

孫子曰：兵者，國之大事也；死生之地，存亡之道，不可不察也。故經之以五，效之以計，以索其情。一曰道，二曰天，三曰地，四曰將，五曰法。

　　對企業來說，開創本業，要注意五個先決條件──一曰道（是否師出有名，上下一心），二曰天（時機恰不恰當），三曰地（地利之便），四曰將（是否有執行的人），五曰法（各種機制、方法）。

道：對於企業家來說，可以賺的錢很多，但要確定自己創造的是什麼價值，對社會有什麼貢獻，再去賺這個錢。這樣就師出有名，每個人都往這個方向努力。

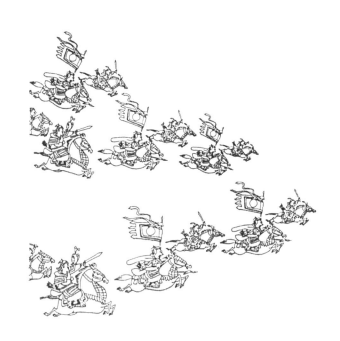

天：寧可看得早，行動可調整。但是，也不要因為看得早了，就時時盯住，這是浪費時間。只要我們掌握到來勢和速度，預做準備，就可以適時掌握機會。對於機會，太早或太晚行動，都有問題。

地：如何利用核心競爭力。我常說，做事情和打麻將有個類似的比喻，就是要三缺一，而不要一缺三；換句話說，也就是及早站上一個有利的位置。在我們擴展的時候，要善用我們原有的優勢。

將：這是我現在最關切的事情。我們的人才固然多，但要做的事情也太多，人才還是不夠。過去我們還有一個嚴重的問題是：決定打仗的人和實際打仗的人不是同一人，現在對這一點則有改善。人才對新的事業，不能只會生，不會養。

法：一群人的力量，一定大過一個人的力量。但是
要發揮一群人的力量，必須有機制。

　　我談聯網組織，是機制之一。

孫子曰：夫未戰而廟算勝者，得算多也；未戰而廟算不勝者，得算少也。多算勝，少算敗，況無算乎！

孫子兵法最重行動之前的評估與分析和對當時時空背景條件的理解，然後才制定出行動的謀略。

不論我哪個階段的策略，都有兩個共同的重點：一是盡量簡化。二是盡量從彌補自己的弱點，而非加強自己的優點來出發。回顧起來，我所有做成功的事情，都是在這兩個重點之下，所有失敗的例子，都是違反了這兩個重點。

宏碁過去的策略，重點就在於氣長。我有一個願景，但是資源有限，市場不成熟，為了要氣長，就要人財兩得。

宏碁現在的策略，重點就在於建立一個可長可久的管理機制，一個可以讓人才和事業體各有發揮，彼此又有共同的協定與認知，因此我在談聯網組織。

至於未來的策略，當然在於在知識經濟的時代，如何善加發揮我們一個台灣企業的特長，建立在華人市場

以及亞洲市場的獨特優勢。

　　貫穿我們策略的精神，就是我們只做和資訊科技有關的事情，這就是專精。但資訊科技本身的空間就很大，所以又可以多元發展。有些人看到我建構渴望園區，就來找我做土地開發，也有人來找我做銀行。和資訊科技無關的這些事情，我都不碰。

　　策略既然如此重要，制定策略之前必須注意蒐集充分又正確的資訊與情報。

　　身為企業的領導人，會接到許多書面的資訊與情報分析；但是，我在收集資訊的過程，更注意平日不斷的累積。要累積這些資訊和情報，有三個重點：

　　第一，今天的資訊和情報太多了，所以要決定什麼是自己需要的，什麼是不需要花精神的。

　　第二，如果是需要蒐集的，要相信這個資訊或情報之前，要先設法確認。

　　第三，確認之後，在使用的時候，要注意更新；更新的時候和過去的資訊做比較，如果有問題，就要澄清。

孫子說：攻其無備，出其不意。此兵家之勝，不可預傳也。

在競爭激烈的全球市場上，要發揮孫子的這個觀點，首重創新，不要一窩蜂地做事。早期，我都是開闢新戰場，建立競爭障礙，如２小時維修；然後，就再去開闢一個別人沒有準備好的戰場。換句話說，我盡量預先用自己的資源，來規劃一些比賽的規則。

鄉村包圍城市也可以算是一個例子。

問題與討論
Q&A

Q1
在知識經濟的時代，專利或是智慧財產權，到底是
自己用好呢，還是賣給別人用好呢？

A
我認為知識經濟的特點，就在於知識可以自成一体，成為一種商品
來販賣。不像過去，知識必須結合在其他商品裡才能銷售。像可口
可樂，黑面蔡這種獨門配方的專利，過去執行簡單，販賣也簡單，
自己來經營當然是對的。但是，如果一種專利後面涉及許多其他環
節的配合執行，商品化的過程需要很快，那就不能自己留著獨吞。

你說『以對網際網路的熱度來看，台灣不見得比得上香港、韓國、新加坡』，這種觀察是如何得來的？

表面上看來，台灣的資訊和網路業發展在這些國家和地區之中是很先進的，但這是在電腦的製造和生產方面；在網路的科技和資訊的應用方面，其實不但不見得領先，可能還落後，其中有幾個原因。先看香港和新加坡：

　　1.香港，新加坡都是都市，所以發展起網路，比台灣容易。

　　2.香港和新加坡都沒有資訊產業，所以他們反而更容易在網路上傾全力一搏，我們的很多人才和資金反而都綁在許多高科技產業上。以新加坡來說，他們創造了Technopreneur（技術創業者）這樣一個名詞。

　　3.他們在服務業上的資訊，本來就比我們強。

　　4.他們國際化的程度，本來就比我們強。

再看韓國，他們也有比我們有利之處：

1.政府全力在支持。

2.經過財團把持全韓國的經濟如此之久，反財團的心理已經成為一種社會心理與運動，所以大家特別期待網路經濟裡能夠出來一些新時代的英雄。有兩個跡象，一個是韓國的網路咖啡館生意比台灣發達得多多，另一個，以他們有一家網路企業的創業者來說，雖然這陣子已經降溫，但一度財富超過了三星集團的會長。這種情形雖有點過份，但畢竟說明了一些現象。

Q3 『微笑曲線』是怎麼萌生的？

做電腦，我們的同仁當然覺得很自傲，可是我們做電腦和中華商場那些人在做電腦，和那些客廳工廠做出來的電腦要相提並論，我實在很不服氣。我們有我們的專精和附加價值，所以想用一個方法來說明這其中的不同。

在沒畫出這個曲線之前，我和同仁的溝通很困難。於是我思考了很久，看怎麼樣把我的想法表達出來。等微笑曲線出來之後，只花了一兩年的時間，就和同仁達成了共識。

這個曲線出來之後，我們也用來和國外許多大公司溝通，說服他們把許多OEM工作讓出來交給我們來做。所以這個曲線也加速了美國資訊產業的外移。

今天我談 iO（聯網組織）也是。我們都在做，但是不夠積極，不夠快。所以不能不畫一些曲線和圖，告訴大家一些長期的方向，往這個方向做不會有錯。

Q4 你說『道理很簡單，不能逞強』，但企業的領導人應該在什麼情況下懂得『不能逞強』，識時務者為俊傑，什麼時候又該百折不回，堅持到底？這中間的分寸何在？

 A 輸得起的時候，就堅持下去。

輸不起的時候，就不要逞強。

 Q5 為什麼會出現『再造最大的障礙就是老闆』這種現象？

 A 當老闆的，都有一套自己的想法，所以很主觀。

企業出了問題，一定是領導出了問題。但是領導者通常最沒法接受問題就是出在他身上，所以要檢討，他都是檢討別人。他總覺得我這麼努力，這麼有經驗，這麼有能力，怎麼可能是我的問題，於是他就要更加努力來扭轉一下局面。

像我們小時候玩牌，手氣總是不順的時候，就會想上個廁所，轉轉手氣。小孩子都懂這個道理，企業的老闆卻很難懂得這個道理，所以我說再造最大的障礙就是老闆。在美國，董事會就把老闆換掉；在台灣，大家就拖下去。所以老闆要懂得承認自己也會錯，趕快找個下台階。

在企業經營的過程中，領導者可以自己做決定，也可以藉由內部溝通，取得共識後再做決定，到底決策和效率之間要如何取捨？

 實際上，每個人自己週遭可能時常會面臨很多抉擇的問題，當然大家還是自己要權衡得失。也就是說，我們要思考到底花費這些內部溝通的時間，可以換來什麼？換言之，你這個決定所犧牲的時間，如果不會致命，但是它所換來的是在這個溝通的過程裏面，能夠帶動更多的人充分了解；另一方面，同樣類似情形發生的時候，組織內部的人已經建立那個做決策的能力了。從這些角度來看，這個決策溝通的過程就有它的附加價值，而且這種決策的能力可以重覆用很多次。

其實我有很多決策馬上就可以處理了，但是，反正不是關鍵的決策嘛，所以我就不下決策。如果你只採用你的主觀抉擇，底下的人不會服氣，何況你的主觀抉擇還可能是不正確的。此外，在經過長期的溝通，可能對事情了解更多之後，會更有不同的看法；更重要的是，執行的人不是你而是別人，別人還要往下，還要往下，還要往下。在這種情況之下，用你單一的一個思考模式，要帶動全部的人，往共同的一個方向的話，實際上一不小心就會變成上面怎麼講，下面沒有在做，結果也是沒有用。

還好我有一點耐心，所以我就用時間來買經驗，或者買未來；我認為今天雖然投入了這些內部溝通的時間，但是我在未來反而可以省時間。從這個角度來思考的話，那當然所謂效率的問題，就可以從這個思考模式來做決擇。

Q7 就『一不小心，經常會出現上面說一套，下面不知道該如何執行的困境』，只要有耐心去溝通就可以解決嗎？還有沒有其他要注意的事項？

A 除了有耐心之外，要有說服力。要有說服力，最好有簡化的方法。你要想各種簡化的圖表、說明，譬如我那個微笑曲線。

除此之外，我還會多深入下面一、二層來抽驗一下，看看自己對一線主管傳達的訊息，有沒有適當地轉達下去。

另外，今天的媒体幫助很大。很多我要傳達的訊息，媒体可以在一天的時間之內就說明清楚。要透過內部的管道，花的時間和力氣可能要長得多，大得多。

Q8 在新經濟時代，成功的領導者應該具備什麼條件？

A 我認為一個成功的領導者，第一須具備的領導才能是：要有前瞻性的看法。除此之外，第二個是領導才能：他要有自己的一套看法。因為如果和別人一樣，沒有獨特的見解的話，被領導的人也不會產生熱誠；也就是說，領導者要有一個獨到的想法來說服被領導者。第三個領導才能是：用人，在用人裏面，當然溝通變成很重要；所以，一個成功的領導者，當然也應該是溝通的高手。

Q9 根據你二十多年來經營企業的經驗，你認為有沒有一套理論，可以涵蓋所有的經營模式？

其實，我在經營企業的過程中，第一個思考模式是：我專挑一些困難的事來做。當大家突破那個瓶頸之後，它就會創造價值。所以，我整個事業的基礎都是這樣一個循環：當然先要有一個客戶導向的概念，也就是先了解市場的需求是什麼？並不是說簡單工作不做，只專挑困難的工作來突破，來創造價值；其實它是整套的，也就是說簡單的工作還是要做。因為不可能說你在關注某些瓶頸的時候，你把平常大家都會的東西都忘了，不會的；反之，如果你經營事業都是只做大家都會的，其實是無法產生競爭力的。

第二個模式就是一定要有一個遠景，不管是願景或者遠一點的景在那邊；然後，你先認同外面客觀的因素，再把自己的條件分析一下，而出發點就是如何能夠保護自己的弱點。這裡沒有談優勢，我認為優勢大家都會去借重，充分發揮，大概跑不掉；所以，所有的經營策略都是從你的困難點開始。

比如說宏碁剛開始要發展的時候，資金不夠、人才不夠，那我就來一個「人財兩得」的計劃，二十年前就讓員工當股東；也就是說，你要從弱點來看、來思考，你雖然資源比不過別人，但是只要願景正確，還是有機會成功的。

有人問說宏碁的硬體事業有沒有機會當世界的龍頭，我認為機會是可能存在的。因為所有硬體所需要的技術、零組件，我們大概都要

完成了，如果我們能更掌握了客戶的需求，並將客戶的需求轉換變成標準規格的話。

其實，我們現在就是跟著標準在做，當有一天一些新的應用出現的時候，有可能帶動了世界的標準，你就可能當龍頭；這個機會是存在於未來中國大陸的市場變大之後，會有很大的機會。中國大陸如果變成世界第三大、甚至第二大的市場，由於我們已經有全球的市場，再加上這個我們更能夠掌握住的市場，機會便是存在的。

但是，那個機會是不會從天上掉下來的，現在你還是要先去準備；這就談到轉折點的觀念，可能那個轉折點不曉得哪一天會出現，但是，就算轉折了你也已經準備好了。實際上，宏碁當然是一步一步地在準備，並提昇自己各方面的條件及競爭力。

Q10 你提到『宏碁剛發展的時候，資金不夠，人才也缺，我就進行人財兩得的計劃』，這個人財兩得的計劃，是怎樣的計劃，怎麼執行的？

一九八四年之前，宏碁的資金百分之百都是員工同仁的資金。我吸引大家把資金投進公司，這樣不但把他們的人留下來了，還可以進一步把他們親友的資金也吸引進來，如此就人財兩得。

這幾年也有很多人來問我這個秘訣。

要用這個秘訣，其實很簡單，就是財務要透明。你既然要員工一起和你奮鬥，把資金也投進來，當然財務就必須透明，我從宏碁設立的第一天就把這件事情做好。我的準備是：就算失敗了，還可以把企業賣掉賺錢。

我可以說是台灣最早注重財務透明度的企業人之一。

除了財務的透明度之外，還有兩點要注意：

　　1.公司賺錢，員工有份。

　　2.公司成長，不是老闆一把抓，員工也有參與。

Q11 超分工整合是企業經營的趨勢，但是產品在最後整合後，在市場上會不會產生衝突？

A 整合這個工作其實就是一種分工，因為整個標準開放之後，整合就比以前簡化了很多。有時候，消費者自己也扮演整合的工作，學生自己動手組裝電腦就是在做整合的工作。所以，學生要的可能不會是一個品牌、整合好的電腦，因為他不需要，他自己就能做整合：他會在市場上挑最好的分工（組件），自己把它（組件）整合起來。從這個角度來看，到最後當然要整合。

重點是在於，在某種專屬性的系統裏面，整合變成沒有人懂。比如說，早期 CDC、IBM 賣一台電腦到台灣來，同時就派幾個人來台灣支援，住在中山科學院那邊做教育訓練；反正就是，只有訓練少數專業的人懂那個電腦的操作，其他人是沒有辦法做整合的。

現在標準開放之後，具備整合能力的人一大堆，很多人都可以依客戶各種不同需求來整合，從這個角度來看，愈接近客戶訂製的整合，會是將來市場競爭的主力。

Q12

有人說網際網路使得全球供應商和消費者的距離變短，品牌經營因而變得很重要，台灣有很多 OEM（代工生產）廠商，在新經濟時代，你對台灣的廠商有什麼建議？

前面談到很多產品、很多科技、技術是全球化的，所以是比較標準化的東西；但是，當你要進入市場的話，就是非常當地化的，顧客所需要的服務都是非常當地化的東西，這些大概變不了，但是他們可能會因為網際網路的技術而改變。網際網路全球化的技術，可以讓你的產品很快地就舖遍全球；而且也有一套很快的方法，能夠讓你的產品當地化，跟當地的結合，同時能夠把客戶的服務弄好。所以，當這個新的時代及新的工具出現時，我們應該先有不排斥的基本觀念，再以應該如何克服原來的限制的角度來思考。所以，當中間商越來越少的時候，我們好像遲早都要自創品牌；如果要自創品牌，就要考慮很多的條件。

很多人都搞不清楚，到底 Dell 是電腦公司還是通路公司？我認為他應該是屬於行銷公司，他不做電腦的，他是通路。所以，到底你在講說我們要變成一個製造公司？還是我要做一個通路公司？還是我要做通包的公司？其實通包是很難的，垂直整合是辦不到的。

因此，如果宏碁集團想要在某一些領域通包，就不得不成為多元專精的公司，也就是我們在每一個片段還是獨立的專精。所以，同一個公司、一個單位不能什麼都通包，因為一定沒有辦法和真正專精的對手競爭。很明顯地，未來如果你的產品、技術要進入市場了，

如何有效地找到當地化的合作對象，可能是關鍵所在。

這個合作對象包含你內部的單位，其實就算是自己百分之百控制的單位，到海外去也沒有那麼簡單可以有效地合作。不管是內部還是外面的廠商，要有效地合作，重點就是在於「近」。近就是台灣、亞洲或者中國大陸，因為近所產生的效益，不僅是只有懂，而是產生的過程很快；同樣一件事情發生了，回饋很快，等於繞了幾圈、預演幾次就成熟了。不然你打電話過去，消息又不是完整回來，這個循環就太慢了，就變得無效了。

我們當然要把生意的範圍分析一下，因為實際上到底我們要做的是B2B（公司對公司的電子商務）？還是 B2C（公司對個人的電子商務）？在 B2C 的經營模式中，客戶在哪是看不到的，所以在這種情況之下，品牌形象對 B2C 就變得非常非常重要，也是我們第一個要解決的，因為那個生意是非常大的。

但是 B2B 的客戶是比較有限的、比較內行的、比較容易有機會直接就連起來的，因為客戶在哪裏看得到。如果我們要談國際化，那麼B2B 還是要先掌握住，其中有一個很大的商機；但是國際化不要誤導說一定要自創品牌，雖然 B2B 也是要有品牌，只是說這個品牌的經營，相對 B2C 的品牌經營，差一百倍的難易度。因為 B2B 品牌經營的對象有限，所以困難度差很多，但是，不論如何，做任何生意的時候，還是要點點滴滴地累積品牌形象。

Q13　你認爲宏碁兩次的再造工程都稍嫌晚了，你覺得一個企業應該在什麼時間點進行改革？

A　我認為組織再造的這種訣竅及能力，最好建立在每一個階層裏面。我記得 Intel 虞有澄在他的書裏面就說到：當他們在探討轉折點，決定要做一個事情，而上面主管在尋求下面員工的意見時，卻發現下面的員工早就是那個想法了，反而上面是最慢的瓶頸。

但是，很不幸的是，所有的再造，發號施令的都是在上面的主管；所以，最重要的就是，如果你建立一個再造的能力是在無所不在的時候，那個訊息很可能是快一點，能夠上來做決策；甚至於根本在你不知道的時候，已經都再造過了。什麼叫做「再造」？就是因為很久都沒有改善的問題，所累積的結果；所以，如果下面的人隨時都在做小再造的話，整個大組織就不要再造了。

所以，這個問題的核心就是說：到底是你很會再造？還是整個組織很會再造？其實，如果可以把再造的基因落實在很多人的工作習慣裏面，可能是一個企業如何能夠生生不息的一個關鍵所在。

一般來講，再造最大的障礙是老闆，美國企業的再造就是把 CEO（執行長）換掉；所以，宏碁的再造同樣也要換一個人，理論上是，我要先被換掉，很慶幸的，我還在，不過我的觀念要換，你不換怎麼再造呢。

Q14 就宏碁發展的幾個階段而言，你在各個階段所挑選的最困難的工作分別是什麼？

A 這分幾個階段：

第一個階段：在24年前剛創業的階段，由於我們做的是微處理機，時機還很早，大家都不看好，所以我最大的挑戰就是如何使得企業的氣能夠長。（相對於今天許多網路企業強調的燒錢，是很大的對比。）

第二個階段：自創品牌。有成有敗。

第三個階段：人性本善。

第四個階段：聯網組織。我不想獨裁，走中央集權的路，希望員工各有各的發展空間，高度成長。

Q15 台灣一些企業，像中鋼、台泥等，也像宏碁一樣，在養一些網路事業的小雞，不同產業要進化到網路事業，需要有什麼不同的做法？

A 在保護主義之下，會產生很多的撈過界的問題；所以，一般亞洲的價值就是撈過界，一些大財團好像什麼都行，什麼都會。現在，當然時代已經不同了，在民主社會裏面學有專精，十分被人尊敬，所以基本上是很難撈過界的。因為每一個領域的文化、專精是不一樣的，你要撈過界，不是用你原來的、全套的方法就可以撈過界；當然有些部份是可以借重的，比如說形象、資金、一般成熟的管理經驗等，不過得要撈過新界後也還能夠用得上才行。

反過來說，在新的領域裏面呢，它是絕對有它新的環境的需求；所以重點是在你沒有足夠的時間來建立新的核心競爭力。過去不一樣，在韓國、日本，反正分來分去就是那幾個大商社在分；大財團做的好跟不好都差不多，因為整個市場就幾個人在分，所以當然都可以做啊。現在當然沒有這回事了，每進去一個新的領域，你就要做的像樣，因此，你一定有一套方法。

宏碁的想法就是不撈過界，所以，我們都一直在資訊科技的產業裏面；要撈的話，一定要和原來的事業有有絕對的關係。我們跟全國電子的關係，不知道有沒有算撈過界，我想應該還有相當的關係；因為網際網路的新經濟中，虛擬的要和實體的整合，所以這個結盟才有關聯。

很多有人曾經邀我當銀行的董事長，我不去的理由有兩個：第一是不能撈過界，兩者的專業領域不同；第二就是角色扮演，角色混淆

了，因為我既是企業家又是銀行家。在美國社會沒有什麼企業家跟銀行家是同一個人扮演的，我們法令當然規定了，不過規定以後，還是有一些企業家幕後變成銀行家，這裏面有很多基本的理念的問題。所以，第一個理由就是說，如果我要慢慢延伸的話，我一定要自我發展新的專業能力。

因此，你的企業文化、組織架構，不管是主從架構、分散式管理、或者群龍無首等等，

無非都是希望做一行像一行，做一個角色像一個角色。也就是說，要確定你不是資源比較多，以大來取勝；而是以專精，以做一個行業像那個行業的樣子來取勝。如果沒有這種決心的話，那只是撐在那邊而已，因為你有足夠的資源可以撐；不過，撐在那邊等於像個植物人是沒有什麼生命力的東西。

領導者的眼界 **1**

未來 **6** 大趨勢
Winner Gets All. All of What?
施振榮／著・蔡志忠／繪

責任編輯：韓秀玫　　封面及版面設計：張士勇
法律顧問：全理律師事務所董安丹律師
出版者：大塊文化出版股份有限公司
台北市105南京東路四段25號11樓
讀者服務專線：0800-006689
TEL：(02) 87123898　FAX：(02) 87123897
郵撥帳號：18955675　　戶名：大塊文化出版股份有限公司
e-mail:locus@locus.com.tw

www.locuspublishing.com

行政院新聞局局版北市業字第706號
版權所有　翻印必究

總經銷：大和書報圖書股份有限公司
地址：台北縣三重市大智路139號
TEL：(02) 29818089 (代表號)　FAX：(02) 29883028　9813049
初版一刷：2000年9月　初版 3 刷：2003 年 3 月
定價：新台幣120元
ISBN957-0316-24-1　　　　Printed in Taiwan

國家圖書館出版品預行編目資料

未來6大趨勢
=Winner Gets All. All of What?/
施振榮著；蔡志忠繪 .—初版 .— 臺北市：
大塊文化，2000[民 89]
面；　公分 .　—　（領導者的眼界；1）
ISBN　957-0316-24-1 (平裝)
1. 企業管理

494　　　　　　　89012732

廣 告 回 信
台灣北區郵政管理局登記證
北台字第10227號

1 0 5 台北市南京東路四段25號11樓

大塊文化出版股份有限公司　收

大塊
LOCUS
文化

編號：領導者的眼界 01　　書名：未來 6 大趨勢

讀者回函卡

謝謝您購買這本書，為了加強對您的服務，請您詳細填寫本卡各欄，寄回大塊出版 (免附回郵) 即可不定期收到本公司最新的出版資訊，並享受我們提供的各種優待。

姓名：　　　　　　　　　　**身分證字號：**

住址：

聯絡電話：(O)　　　　　　　　　(H)

出生日期：　　　年　　　月　　　日　**E-Mail：**

學歷：1.□高中及高中以下　2.□專科與大學　3.□研究所以上

職業：1.□學生　2.□資訊業　3.□工　4.□商　5.□服務業　6.□軍警公教　7.□自由業及專業　8.□其他　　　　　

從何處得知本書：1.□逛書店　2.□報紙廣告　3.□雜誌廣告　4.□新聞報導　5.□親友介紹　6.□公車廣告　7.□廣播節目8.□書訊　9.□廣告信函　10.□其他　　　　　　

您購買過我們那些系列的書：
1.□Touch系列　2.□Mark系列　3.□Smile系列　4.□catch系列　5.□天才班系列　5.□領導者的眼界系列

閱讀嗜好：
1.□財經　2.□企管　3.□心理　4.□勵志　5.□社會人文　6.□自然科學　7.□傳記　8.□音樂藝術　9.□文學　10.□保健　11.□漫畫　12.□其他　　　　　　

對我們的建議：

LOCUS

LOCUS

LOCUS

LOCUS